# BEI GRIN MACHT SICH IHR WISSEN BEZAHLT

- Wir veröffentlichen Ihre Hausarbeit, Bachelor- und Masterarbeit

- Ihr eigenes eBook und Buch - weltweit in allen wichtigen Shops

- Verdienen Sie an jedem Verkauf

Jetzt bei www.GRIN.com hochladen und kostenlos publizieren

Ernst Probst

# Riesen - Von Aigaion bis Ymir

GRIN Verlag

**Bibliografische Information der Deutschen Nationalbibliothek:**

Die Deutsche Bibliothek verzeichnet diese Publikation in der Deutschen National-
bibliografie; detaillierte bibliografische Daten sind im Internet über http://dnb.d-
nb.de/ abrufbar.



**Impressum:**

Copyright © 2012 GRIN Verlag GmbH
Druck und Bindung: Books on Demand GmbH, Norderstedt Germany
ISBN: 978-3-656-26818-5

**Dieses Buch bei GRIN:**

http://www.grin.com/de/e-book/200549/riesen-von-aigaion-bis-ymir

*Der Sizilianische Riese*
*war angeblich zehn Meter hoch.*
*Ausschnitt aus einer Zusammenstellung*
*der berühmtesten Riesen*
*in „Mundus Subterraneus" (1664–1678)*
*von Athanasius Kircher (1601–1680)*

Ernst Probst

# RIESEN

Von Aigaion
bis Ymir

*Meinem Enkel Max Werner
und meiner Enkelin Paula Werner
gewidmet*

# Inhalt

*Odin und seine Brüder töten den Riesen Ymir.*
*Zeichnung von Lorenz Frolich (1820–1908)*

VORWORT

# Von Aigaion bis zu Ymir

Goliath, Polyphem, Ymir, Rübezahl und andere Riesengestalten geistern durch die Sagenwelt. Alle Völker dieser Erde kennen solche Wesen von unglaublicher Größe mit übermenschlichen Kräften. Einmal gelten sie als wahre Tölpel, die nur rohe Kraft walten lassen, dann wieder sind sie Helden oder sogar Schöpfer der Welt.

In Wirklichkeit haben Riesen zu keiner Zeit unseren Planeten bevölkert. Sie sind nur Ausgeburten menschlicher Phantasie. Zur Entstehung der Sagen über Riesen trugen in früheren Jahrhunderten vor allem Funde prähistorischer Tiere – wie Mammute oder Zwergelefanten –, deren wahre Natur man ehedem nicht erkannte, bei.

Der Wiesbadener Autor Ernst Probst hat sich im Reich der zweibeinigen Giganten umgesehen. Hierüber schrieb er das reich bebilderte kleine Taschenbuch „Riesen. Von Aigaion bis zu Ymir". Dieses ist seinem Enkel Max Werner und seiner Enkelin Paula Werner gewidmet, die sich beide für Monster besonders interessieren.

*Grab von Karl Georg von Raumer*
*(1783–1865)*
*auf dem Neustädter Friedhof in Erlangen.*
*Raumer hielt Fossilien*
*für verunglückte Probeschöpfungen*
*der Natur.*

# Es war nicht die Spur von Noahs Raben

Kuriose Irrtümer in der Geschichte der Paläontologie

Die Geschichte der Paläontologie, der Lehre vom Leben in der Urzeit, ist voller skurriler Irrtümer. Lange wollte niemand glauben, dass die Reste von prähistorischen Pflanzen und Tieren viele Millionen Jahre alt sind. Es vergingen etliche Jahrhunderte, bevor allerlei merkwürdige Erklärungen über die Entstehung von Fossilien als Unsinn erkannt wurden.

Eine der frühesten Fehldeutungen von Fossilien unterlief dem griechischen Philosophen Aristoteles im 4. Jahrhundert v. Chr. Er verkannte solche Urzeitfunde als „Figurensteine", die durch schöpferische Kräfte im „Urschlamm" entstanden seien.

Anhänger der Sintfluttheorie betrachteten im 17. Jahrhundert die Versteinerungen als bei dieser biblischen Naturkatastrophe ertrunkene Lebewesen. Der Rechtsprofessor Philipp Ernst Bertram (1726–1777) aus Halle/Saale meinte 1766, Gott habe Fossilien in den Boden gelegt – womöglich, um diejenigen zu prüfen, die an der göttlichen Schöpfung zweifelten. Und der Breslauer Mineraloge Karl Georg von Raumer (1783–1865) war 1819 felsenfest davon überzeugt, dass Fossilien verunglückte Probeschöpfungen der Natur seien.

*Basilius Besler (1561–1628)*

Alle diese frühen Forscher irrten. Aber das war kein
Wunder, wenn man den kulturhistorischen Hintergund
ihrer Zeit betrachtet. Noch anno 1650 war man sich
allgemein einig, dass die Erde wenig mehr als 5500 Jahre
alt sei. Der irische Erzbischof James Ussher (1581–1656)
zum Beispiel hatte damals errechnet, die Schöpfung habe
am 23. Oktober des Jahres 4004 vor Christi Geburt ex-
akt um 9 Uhr begonnen.

Niemand zu Usshers Lebzeiten ahnte, dass die Reste von
Pflanzen und Tieren in den Solnhofener Platten aus Bayern, die 1616 erstmals von dem Nürnberger Apotheker
Basilius Besler (1561–1628) abgebildet wurden, etwa
150 Millionen Jahre alt sind. Die prächtigen Dendriten
auf dem Solnhofener Kalkgestein wurden im 17. Jahrhundert als Moos gedeutet. In Wirklichkeit handelte es
sich dabei um verästelte Kristallbildungen auf Schichtfugen
und Kluftflächen, die aus eisen- und manganhaltigen Lö-
sungen entstanden. Ihre Form ähnelte tatsächlich Moos,
Sträuchern oder Bäumen. Außerdem beschrieb Besler eine
„Spinne“, die hundert Jahre später als ein Meerestier ent-
larvt wurde, das mit Seesternen und -igeln verwandt ist.
Völlig falsch beurteilt wurden auch Urweltfunde aus dem
Rhein. Ein Wormser Bürger etwa meinte 1689: „Es ist
unleugbar, dass große und mehr als 20 oder 30 Schuh
lang gewesene Riesen und Drachen an dieser Rhein-
gegend sich nicht selten aufgehalten haben, indem ein
dergleichen Riesenbein anno 1635 im Rhein gefunden,
ich selbstens zu Wormbs gehabt, nach welches abgeteil-
ter Proportion der Mensch mehr als 30 Schuh lang müsste
gewesen sein." Ein Schuh oder ein Fuß galt damals als
Längenmaß von etwa 30 Zentimeter. Demnach wäre der

*Dendriten wurden früher
als Pflanzen fehlgedeutet.*

Wormser Riese etwa neun Meter groß gewesen. Heute weiß man, dass es sich vermutlich um einen Mammutknochen handelte. Mancher stolze Entdecker von Fossilien (der Begriff stammt aus dem Lateinischen: fossilis = ausgegraben) erntete einst statt Anerkennung nur Hohn und Spott, wie beispielsweise der Londoner Apotheker Conyers, der 1715 nahe der britischen Hauptstadt im Kies eines längst ausgetrockneten Flusses einige Elefantenknochen und dicht daneben einen roh behauenen spitzen Stein fand. So etwas passte nicht in das damalige Weltbild. Deshalb wurde in den Kneipen viel über diesen Fall gewitzelt.

Unter anderem wurde gemutmaßt, es handle sich um einen ausgerissenen Zirkuselefanten, der jämmerlich umgekommen sei, weil ihm die britische Kost nicht bekam. Der Apotheker glaubte schließlich einem Freund, der die Elefantenknochen in die Zeit des römischen Kaisers Claudius (10 v. Chr.–54 n. Chr.) datierte, der Elefanten über den Kanal gebracht habe, um die Briten zu unterwerfen. Daraufhin wurden die Knochen und der Stein in ein Raritätenkabinett gebracht und als „Funde aus der Römerzeit" bezeichnet.

Auch die Bedeutung der ersten dokumentarisch belegten Entdeckung von Dinosaurierspuren in Nordamerika wurde zunächst nicht erkannt. Als dem zwölfjährigen Farmersohn Pliny Moody (1790–1868) im Herbst 1802 dieser Fund glückte, war der Begriff Dinosaurier noch gar nicht bekannt, er wurde erst 1841 von dem Londoner Paläontologen Richard Owen (1804–1892) vorgeschlagen.

Pliny Moody hatte beim Pflügen eines Feldes unweit von South Hadley im US-Bundesstaat Massachusetts

*Im Herbst 1802 wurden
in South Hadley (Massachusetts)
die ersten Dinosaurierspuren Amerikas entdeckt,
jedoch zunächst verkannt.*

einen umgestoßenen Felsbrocken erblickt, auf dem der Abdruck von drei riesigen Zehen zu erkennen war. Sie ähnelten Spuren von Vögeln, die über Schlamm oder Sand gelaufen waren. Die Menschen von South Hadley redeten viel über diesen sonderbaren Fund, bis einer von ihnen auf die Idee kam, es könne sich um Fußspuren jenes Raben handeln, den Noah nach der Sintflut ausgeschickt hatte, um trockenes Land zu suchen.

Weit von der Wahrheit entfernt war auch der englische Antiquar Edward Lluyd (1660–1709), der 1689 den ersten Fund eines Fischsauriers als „Lithophylacii Britannici ichnographia" bezeichnete. Lluyd hielt den Fischsaurier, der vom Aussehen her heutigen Delphinen ähnelte, für einen Fisch besonderer Art. Er meinte, wenn das Meerwasser verdunstet, dann gerieten auch Fischeier in die Wolken und würden später mit dem Regen auf das Festland fallen. In den trockenen Erdschichten, so erklärte er, würden sich aus ihnen keine normalen Fische entwickeln, sondern solche aus Stein. Alle Fossilien wären nach dieser Deutung keine Lebewesen aus Fleisch und Blut, sondern seltene Naturspiele, zusammengebacken aus Rogen, Samenluft und von Meeresdünsten imprägniertem Gestein.

Über diese Theorie lächelte einige Jahrzehnte später ein anderer Entdecker eines Fischsauriers, nämlich der Zürcher Stadtarzt und Chorherr Johann Jakob Scheuchzer (1672–1733) – doch heute schmunzelt man auch über ihn. Scheuchzer erklärte nämlich allen Ernstes, mehrere unter dem Galgenberg der fränkischen Stadt Altdorf geborgene Wirbel gehörten zum Beingerüst eines verruchten Menschenkindes aus der Sintflut, um dessen Sünde willen das Unglück über die Welt hereingebrochen sei. Ähnlich äußerte er

*Johann Jakob Scheuchzer (1672–1733)*
*hielt fossile Tierreste*
*für Knochen in der Sintflut*
*ertrunkener Menschen.*

*Johann Jacob Baier (1677–1735)
hielt Ichthyosaurierknochen
irrtümlich für Fischwirbel,
Porträt von Georg Martin Preißler (1700–1754)*

*Bild auf Seite 21:*

*Flugblatt des Zürcher Stadtarztes und Chorherrn
Johann Jakob Scheuchzer (1672–1733)
um 1726 mit der ältesten Darstellung
eines fossilen Riesensalamanders
aus Öhningen am Bodensee.
Scheuchzer verkannte diesen Fund
als Gebeine eines in der Sintflut
ertrunkenenen Menschen (Homo diluvii testis).*

## HOMO DILUVII TESTIS.

## Bein-Gerüst

Eines in der

## Sündflut ertrunkenen

## Menschen.

WIr haben / nebst dem ohnfehlbaren Zeugnuß des Göttlichen Worts / so viel andere Zeugen jener allgemeinen und erschröcklichen Wasser-Flut; als viel Länder / Städte / Dörffer / Berge / Thäler / Stein-Brüche / Leim-Gruben sind. Pflanzen / Fische / vierfüssige Thiere / Ungziefer / Muscheln / Schnecken / ohne Zahl; von Menschen aber / so damahls zu Grund gegangen / hat man biß dahin sehr wenig Uberbleibselen gefunden. Sie schwummen tod auf der obern Wasser-Fläche / und verfaulten / und läßt sich von denen hin und wider befindlichen Gebeinen nicht allezeit schliessen / das sie von Menschen seyen. Dieses Bildnuß / welches in sauberem Holz-Schnitt der gelehrten und curiosen Welt zum Nachdencken vorlege / ist eines von sichersten ja ohnfehlbaren / Uberbleibselen der Sünd-Flut; da finden sich nicht einige Lineament, auß welchen die reiche und fruchtbare Einbildung etwas / so dem Menschen gleicher / formieren kan / sondern eine gründliche Ubereinkunfft mit denen Theilen eines Menschlichen Bein-Gerüsts / ein vollkommenes Eben-Maß / ja selbs die in Stein (oder auß dem Oningischen Stein-Bruch) eingesenkte Bein; selbs auch welchere Theil sind in Natura übrig / und von übrigem Stein leicht zu unterscheiden. Dieser Mensch / dessen Grabmahl alle andere Römische und Griechische auch Egyptische / oder andere Orientalische Monument an Alter und Gewißheit übertrifft / präsentiert sich von vornen, A B C ist der Umbfang des Stirn-Beins (alles in natürlicher Grösse) B. die Mitte der Stirn. A. das rechte Joch-Bein. C. das linck Joch-Bein. D E G H. die Augenliesen. K L. die Dicke des Stirn-Beins / mit dessen beyden Tafelen / der äusseren und inneren. M. das Loch der unteren Augenliesse / welches die Senn-Ader des fünfften Nerven hindurchläßt. N. Sind Reliquien von dem Gehirn / oder des harten Hirn-Häutleins. O. Die Gebein / welche die Augenliesen formieren. P. Die Siebförmigen und schwammichten Bein. P Q. Die Pflug-Schar / so durch die Mitte der Nasen hinunter gehet. U. Ein zinnlichtes Stuck vom vierten Backen-Bein. W. Scheinet seyn ein Stuck des Stirn-Musculi. X. Uberbleibselen der Nasen. Y. Ein Stuck vom käuenden Muskul. B C. Ein Durchschnitt von dem untern Kiefel / wie der von dem dikeren Fortsaz gehet zu dem untern Ek oder Winkel. D. Stücker vom untern Kienbaken gegen dem Kien. 1. 2. 3. &c. biß 16. sind 16. Rukgrat-Wirbel / namlich 6. vom Hals / und 10. vom Ruken / da gemeinlich die Neben-fortsäze bloß ligen. E F. Ein Stuck vom Rabenförmigen Fortsaz des Schulter-Blatts. G H. Ein Stuck vom ersten Ripp / welches annoch mit Stein überzogen. i. Uberbleibselen von der Leber. Auß der ganzen Grösse läßt sich schliessen / in Gegenhalt der übrigen Theilen / daß die Höhe dieses Menschen steiget auf 53. Pariser Zoll / welche entsprechen 5. Zürcher Schuhe 9 7/12. Decimal-Zoll.

*Ex Museo*

**Joh. Jacobi Scheuchzeri,**
Med. D. Math. P.

Zürich zu finden bey

**David Reding / Formschneider.**

**Im Jahr nach der Sündflut**
MMMM XXXII.

PES PARISINUS.

HOMO DILUVII TESTIS.

DAVID SCHEUCHZER DEL: DAVID REDING SCUL: TIGURI. 1726.

sich 1726 über fossile Reste eines Riesensalamanders aus den tertiären Süßwasserablagerungen von Öhningen am Bodensee.

Um 1712 wies der Altdorfer Arzt und Mineraloge Johann Jacob Baier (1677–1735), der die Gesteinsbildungen und Fossilien der Jurazeit in Ober- und Mittelfranken untersuchte, zu Scheuchzers großem Ärger nach, dass solche gehöhlten Wirbelpaare nie und nimmer den Körper eines Menschen getragen haben konnten. Baier bestimmte die Ichthyosaurierkochen als Fischwirbel.

Allmählich zogen immer mehr Paläontologen die richtigen Schlüsse über die Fossilien. Sie verglichen die Knochen mit heute lebenden Tieren und kamen vielfach zu immer noch gültigen Erkenntnissen. Schließlich bot die Evolutionstheorie von Charles Darwin (1809–1882) gegen Ende des vergangenen Jahrhunderts den theoretischen Hintergrund für die korrekte Interpretation der Fossilienfunde. Vor Irrtümern sind die Paläontologen freilich auch heute noch nicht völlig gefeit.

*Monströse Gestalten
aus der „Cosmographia“ (1544)
von Sebastian Münster (1488–1552),
von links nach rechts:
Einfüßer (Monopod oder Sciapod),
weiblicher Kyklop,
zusammengewachsene Zwillinge,
kopfloser Blemmyer
und Werwolf*

*David und Goliath,
Lithographie von
Osmar Schindler (1869–1927)*

# Manches Monster war ein Mammut

## Worauf viele Riesensagen beruhen

David rannte auf den Philister zu, schwang seine Schleuder und ließ Goliath einen Stein gegen die Stirn fliegen, die der Helm nicht bedeckte. Goliath stürzte und fiel aufs Gesicht. Auf diesen Moment hatte David gewartet. Er lief zu seinem niedergestreckten Feind, zogdessen Schwert und schlug ihm den Kopf ab.

Diese Geschichte aus dem „Alten Testament" ist nur eine der vielen Erzählungen darüber, wie ein normal gewachsener Mann einen Riesen mit List bezwingen konnte. Goliath erreichte angeblich dreieinhalb Meter Höhe, und sein Panzerhemd soll sage und schreibe 104 Kilogramm gewogen haben. Welch großer Held muss also der kleine David gewesen sein, der einst jenen furchterregenden Krieger zu Boden streckte?

Riesen verkörperten über Jahrtausende hinweg das Bild des mächtigen und kraftvollen „Supermannes". Nicht wenige Kulturen schrieben ihnen die Erschaffung der Erde zu, denn „primitive Völker" konnten sich nicht vorstellen, dass jemand anders als Riesen gigantische Ozeane, hohe Gebirge und tiefe Schluchten mit ihren Händen zu formen vermochten. Auch verheerende Stürme und wolkenbruchartige Re-

*„The Colossus",*
*Gravierung von*
*Francisco de Goya (1746–1828),*
*entstanden zwischen 1810 und 1818*

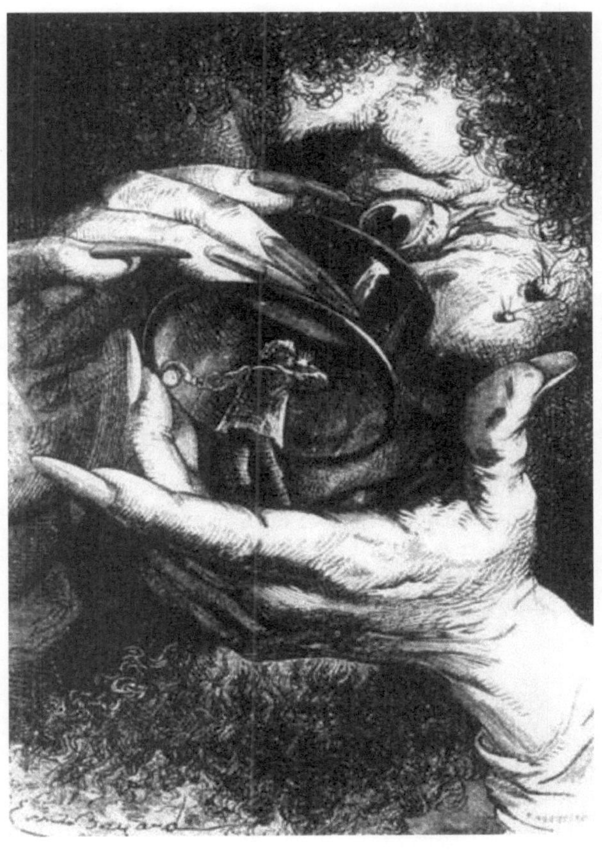

*Illustration aus „Around the Moon"
von Jules Verne (1828–1905),
Zeichnung von Émile Bayard (1837–1891)
und Alphonse de Neuville (1835–1885)*

*Berggeist Rübezahl.*
*Ölgemälde von Moritz von Schwind*
*(1804–1871) von 1859,*
*Original in der Schack-Galerie, München*

genfälle wurden als das Werk göttlicher Riesen gedeutet, die an ihre Macht erinnern wollten.

Der englische Volksmund beispielsweise kennt viele phantasievolle Erzählungen über die Entstehung von Hügeln, Tälern und anderen Landschaftsformen durch Riesenhand. So sollen Riesen oft Erdhügel umhergeworfen oder gewaltige Felsbrocken ins Meer geschleudert haben. Die Angelsachsen erwähnten in ihren Gedichten häufig Riesen, die vor ihrer Ankunft in England existiert haben sollen. Sie konnten es sich nicht vorstellen, dass die von den Römern errichteten imposanten Bauwerke – wie Tempel, Festungen und Äquadukte – von normalgewachsenen Menschen geschaffen wurden.

Auch die Deutschen hatten ihre Riesen. Man denke nur an den Berggeist Rübezahl des Riesengebirges, der nach der Sage in vielerlei Gestalt den Wanderern half und sich an Spöttern rächte. Oder an die vielen Riesen, die in Rheinsagen eine Rolle spielten. So soll ein Riese namens Tännchel die Felsen gesprengt haben, die das Wasser des Rheins zwischen Schwarzwald und Vogesen aufstauten. Und den letzten Riesen aus dem Odenwald hat angeblich Kaiser Maximilian (1459–1519), genannt der letzte Ritter, höchstpersönlich bei einem mittelalterlichen Turnier in Worms am Rhein besiegt.

Im Schwank erwiesen sich Riesen oft als ungeschlachte Tölpel, die auf vielfältige Weise überlistet wurden. Offenbar benutzten Menschen die Riesenlegenden gern zur Erklärung vieler Naturphänomene und um ein unbewusstes Verlangen nach übermenschlicher Fähigkeit auszudrücken. Nachdem unsere Vorfahren diese scheußlichen Ungeheuer ersonnen hatten, fanden sie stets auch

*Der Kyklop Polyphem,*
*Gemälde von Annibale Carracci*
*(1560–1609),*
*Original im*
*Palazzo Farnese, Rom*

Mittel und Wege sie durch Klugheit und allerlei Listen zu besiegen.

Die Gestalt der Riesen ist wahrscheinlich aus vielerlei urtümlichen Vorstellungsbereichen erwachsen: aufgrund existierender stark unterschiedlicher Größenverhältnisse, wegen der Deutung außerordentlicher Naturerscheinungen als Wirkung überstarker Wesen, durch Proportionsphantasie (der unterlegene Gegner muss aus Gründen des Effekts zu übermenschlichen Proportionen gesteigert werden, solche Vorstellungen spielten auch bei Drachensagen eine Rolle), vielleicht aber zudem durch Halluzinationen im Rauschzustand.

Wie dem auch sei – Vorstellungen von riesigen Wesen finden sich seit ältester Zeit und überall auf der Erde.

Die Griechen der Antike sahen in den Titanen, Giganten, Kyklopen und Hekatoncheiren die Naturkräfte verkörpert. Als das älteste Göttergeschlecht galten die Titanen. Bei den Giganten (Gigantes) handelte es sich um Mischwesen aus Menschen und Schlangen, die Gegner der olympischen Götter waren. Die Kyklopen (Zyklopen oder Zyklopes) besaßen nur ein einziges Auge. Der Begriff Kyklopenmauer für unregelmäßige, großformative Steinverbünde beruht auf ihnen. Kyklopen sollen auch die Erbauer der Burgmauern von Tiryns und Mykene gewesen sein. Von den Kyklopen wurden Blitze und Donnerkeile für den Göttervater Zeus geschmiedet. Unter dem Begriff Hekatoncheiren versteht man mehrarmige Riesen, von denen die größten angeblich jeweils 50 Köpfe und 100 Arme besaßen. Der Riese Geryones hatte drei Körper und die schönsten Rinder der Welt sein eigen. Geryones und sein Hirte Euryion starben durch Herakles. Eine Berühmtheit ist auch der Bronzeriese Talos, den Zeus

*Der junge Hebräer David zeigt den Kopf
des besiegten Philisters Goliath,
Illustration von Gustave Doré (1832–1883)*

erschuf, um seine Geliebte Europa zu beschützen. Talos wurde von den Argonauten bezwungen.

In der Bibel, genauer gesagt im „Alten Testament", ist öfter von Riesen die Rede. Im 1. Buch Mose vor der Sintflut-Erzählung heißt es, die Riesen seien entstanden, nachdem die „Gottessöhne" sich die Töchter der Menschen zu Frauen genommen und sich mit ihnen gepaart hätten. Die aus diesen Beziehungen stammenden Kinder sollen den Grundstock für das Volk der Riesen gelegt haben. Jenes in seinem Kern böse Riesenvolk namens Nephilim soll durch die Sintflut vernichtet worden sein.

Von Riesen berichteten auch Kundschafter, die von den in der Wüste befindlichen Israeliten unter Moses ausgesandt wurden. Die Kundschafter sollten das gelobte Land nördlich des Sinai, „in dem Milch und Honig fließen", erkunden. Teile der dortigen Einwohner hat man als Riesen sowie als Söhne Anaks und später als Anikiter bezeichnet. Ein weiteres Riesenvolk namens Emiter soll im Land Moab existiert haben. Bei Eroberungen in der Folgezeit wurde in Baschan („Land der Riesen") der König und letzte Riese Og besiegt. Der steinerne Sarg von Og soll mindestens drei bis viereinhalb Meter lang gewesen sein. Mehr bekannt als diese Ereignisse ist der Kampf des knabenhaften David gegen den Riesen Goliath, der einem Volk von Riesen angehört haben soll. Als Riese oder zumindest riesenhafter Mensch mit erstaunlicher Kraft wird Samson (Simson), einer der Richter Israels, bezeichnet. Er verlor seine Kraft, als ihm seine Geliebte, die Philisterin Delila, heimtückisch die Haare schor. Nun konnten ihn die Philister überwältigen und blenden. Nachdem die Haare von Samson wieder gewachsen waren, rächte sich Samson an den Philistern.

*„The giants seize Freya",*
*Illustration von Arthur Rackham (1867–1939)*
*für „Rheingold"*
*von Richard Wagner (1813–1883)*

Bei den Germanen waren die gewalttätigen Riesen die Gegner der Menschen und Götter. Man nannte sie Thursen oder Reifriesen (Hrimthursen) und Jötun. Diese übergroßen und unmäßigen Gestalten wohnten in Riesenheim, das nordisch Jötunheimr oder Utgard hieß, was Außenwelt bedeutet. Die germanischen Riesen verkörperten Naturkräfte wie Eis, Feuer, Wasser, Stein, Erdrutsche, Orkane oder Springfluten. Da sie angeblich seit Anbeginn der Welt existierten, galten sie als besonders weise. Der germanische Gott Odin trank aus dem Weisheitsbrunnen des Weisheitsriesen Mimir. Odin war es auch, der Jötun Wafthrudnir im Weisheitswettbewerb mit einer Frage besiegte, deren Antwort nur er kannte. Von den Riesen stammten die ersten germanischen Götter ab.

Im „Ragnarök" – auch als „Götterdämmerung" von Richard Wagner (1813–1883) bekannt – ziehen die Riesen (Thursen) gegen die von Odin angeführten Götter (Asen) und gefallenen Krieger (Einherjer) in den großen Endkampf. Das entfesselte Ringen zwischen Naturkräften und Geistwesen endet mit der fast völligen gegenseitigen Vernichtung beider Seiten.

Laut einer germanischen Sage stahl der Eisriese Thrym den Hammer Mjöllmir des Gottes Thor. Das Diebesgut wollte er nur herausgeben, wenn er die Göttin Freya heiraten dufte. Thor ging angeblich darauf ein und zog als Freya verkleidet mit dem Gott Loki in die Halle der Riesen. Dort hatte Thor einen so übermäßigen Appetit, dass Thrym misstrauisch wurde, doch der zungenfertige Loki konnte ihn besänftigen. Während der Hochzeitszeremonie legte man der vermeintlichen Braut Freya den Hammer in den Schoß. Daraufhin legte Thor seine Verkleidung ab und erschlug zornig alle Riesen, darunter auch Thym.

*4,30 Meter hohe Statue des heiligen Christophorus
aus dem 17. Jahrhundert
in der Wallfahrtskirche Mariä Heimsuchung
in Ettenberg*

Die weit im Norden lebenden Völker der Hellusier und Oxionen wurden von dem römischen Geschichtsschreiber Tacitus (um 53–um 120) in seiner „Germania" als Mischvölker aus Menschen und Riesen geschildert. Vermutlich handelte es sich dabei aber nur um Beobachtungen von Seehunden und Seelöwen in der Nordsee. Der Kopfbereich dieser Meerestiere hat eine gewisse Ähnlichkeit mit derjenigen von Menschen.

Nach der norwegischen Mythologie soll die erste lebende Kreatur der Riese Ymir gewesen sein. Von ihm stammen – so heißt es – sowohl die heutige menschliche Rasse als auch eine Riesenrasse ab. Die Indianer im Nordwesten der USA kennen Legenden über urzeitliche Riesen, die Menschen fraßen. In manchen Schilderungen besaßen die monströsen Gestalten sogar tierische Körperteile wie Füße aus Giftschlangen oder geschuppte Drachenschwänze.

Immer wieder aber besiegten Menschen einen Riesen. So berichtet eine englische Legende, dass eine auf der Insel lebende Riesenrasse von Brutus vernichtet worden ist. Brutus – nicht identitsch mit dem römischen Brutus – soll der Gründer des britischen Volkes gewesen sein. Die beiden letzten Riesen, Gog und Magog, wurden der Sage nach zu der gerade erst erbauten Stadt London gebracht, wo sie die Pforten des königlichenPalastes bewachen mussten. In Japan wiederum vernichtete der heldenhafte Raiko mit treu ergebenen Soldaten eine ganze Riesenbande, die in den Bergen angeblich Frauen angriff und deren Blut trank. Raikos Trick: Er ging mit seinen Soldaten als Affen verkleidet und bot ihnen einen Zaubertrunk an, der die Kerle schwächte.

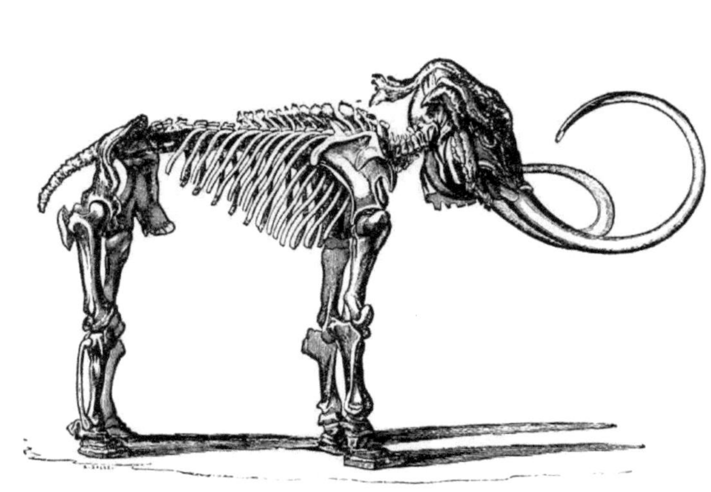

*Knochen und Zähne vom Mammut
wurden noch vor wenigen Jahrhunderten
als Reste von Riesen fehlgedeutet.*

Die Riesenlegenden wurden früher vielfach durch Funde beeindruckender Tierfossilien in Höhlen oder Flussbetten genährt. So deutete man Mammutüberreste in einigen Höhlen Siziliens als Knochen von Riesen. Große Knochen, die man in Flussbetten entdeckte, schrieb man mit Vorliebe dem heiligen Christophorus zu, der laut Legende das Christkind mitsamt Erdkugel auf seinen Schultern durch einen Fluss trug.

Schädelfunde ausgestorbener Zwergelefanten auf griechischen Mittelmeerinseln ließen die Sage von einäugigen Kyklopen (zu deutsch: „Rundauge") entstehen. Die Schädel hatten nämlich dort, wo der Rüssel ansetzt, ein großes Loch, das man für die Augenöffnung auf der Stirn eines Riesen hielt. Mit einem Kyklopen namens Polyphem hatte Odysseus, der König von Ithaka, seine liebe Mühe, bis er ihn schließlich überlisten und blenden konnte.

Fossilien von Wald- oder Steppenelefanten und Mammuten, die in bestimmten Abschnitten des Eiszeitalters von etwa 2,3 Millionen bis 10.000 Jahren in Mitteleuropa lebten, wurden noch vor wenigen Jahrhunderten fälschlicherweise als Reste von Riesen gedeutet. Längst war in Vergessenheit geraten, dass Urmenschen solche Rüsseltiere gekannt und sogar gejagt haben. Die berühmten Bilderhöhlen in Frankreich und Spanien mit Mammutmotiven sind erst später entdeckt worden.

An den „Oberschenkel eines Riesen von wundersamer Größe", der einst am Rheinufer von Oppenheim zum Vorschein kam, erinnert ein großes Gemälde des Malers Bartholmäus Sarburgh (1590–1634) im Historischen Museum Bern. Dieser 1,27 Meter lange Knochen wurde um 1613

*Zusammenstellung der berühmtesten Riesen
aus dem Werk „Mundus Subterraneus" (1664–1678)
von Athanasius Kircher (1601–1680)*

im Oppenheimer Wirtshaus „Zum Riesen" aufbewahrt und von einheimischen sowie auswärtigen Gästen bewundert. Ein vermeintlicher Riesenknochen von etwa gleicher Größe befand sich damals auch im Besitz eines Oppenheimer Adeligen sowie in einem Speisesaal im badischen Ettlingen nahe Durlach. Außerdem hingen zu jener Zeit in einigen öffentlichen Gebäuden von Worms imposante „Riesenknochen".

Eine Zusammenstellung der berühmtesten Riesen wurde 1678 von dem Jesuitenpater und Professor für Mathematik, Philosophie und orientalische Sprachen, Athanasius Kircher (1601–1680), der in Würzburg und Worms wirkte, in seinem Werk „Mundus Subterraneus" („Unterirdische Welt") veröffentlicht. Im Vordergrund einer darin gezeigten Abbildung steht der zehn Meter hohe „Sizilianische Riese", dessen Reste im 14. Jahrhundert in einer Höhle bei Trapani auf Sizilien geborgen wurden. Der italienische Dichter Giovanni Boccaccio (1313–1375) schrieb diese Funde dem aus der Odysseus-Sage bekannten Riesen Polyphem zu. Dem sizilianischen „Rekordhalter" folgte auf Platz 2 der Riese „Gigas Mauritaniae". Als drittgrößten Riesen erwähnte Kircher den „Luzerner Riesen" („Helvetus Gigas"), dessen vermeintliche Reste 1577 bei Reiden nahe des Vierwaldstätter Sees nach einem Sturm unter einer gefällten Eiche zum Vorschein gekommen waren. Der Basler Arzt Felix Platter (1536–1614) errechnete eine Körperlänge von 19 Fuß (also mehr als fünf Meter) für diesen Riesen. Erst Ende des 19. Jahrhunderts wurden von einem Anatomen die noch vorhandenen Knochenreste eindeutig als die eines Mammuts identifiziert. Platz 4 in der Rangliste damaliger Riesen nahm der biblische Goliath ein.

*Bau eines Großsteingrabes aus der Jungsteinzeit,*
*wie ihn sich 1660*
*der deutsch-niederländische Theologe und Arzt*
*Johan Picardt (1600–1670) vorstellte*

Um Mammutknochen und um einen Mammutzahn aus dem Eiszeitalter handelte es sich auch bei den vermeintlichen Resten des „Kremser Riesen" aus Niederösterreich. Diese Fossilien wurden 1645 auf dem „Hundssteig" in Krems an der Donau von schwedischen Soldaten beim Ausheben von Schanzwerken zutage gefördert. Matthäus Merian der Ältere (1593–1650) hat 1647 im fünften Band seines Werkes „Theatrum Europaeum" den „Kremser Riesenzahn" abgebildet.

Als Werke von Riesen wurden vor etlichen Jahrhunderten die imposanten Großsteingräber aus der Jungsteinzeit fehlgedeutet. Der dänische Geschichtsschreiber Saxo Grammaticus (1150–1208) interpretierte sie in seinem Werk „Historia Danica" als Grabstätten von Riesen. Er und andere Zeitgenossen konnten sich nicht vorstellen, dass normal gewachsene Menschen solche schweren Lasten hätten transportieren können. Auch der deutsch-niederländische Theologe und Arzt Johan Picardt (1600–1670) hielt 1660 die Großsteingräber für das Werk von Riesen.

Fast jedes Land hatte früher seinen Nationalriesen, der meistens auf Funde von eiszeitlichen Rüsseltierknochen zurückging, deren wahre Natur man nicht erkannte. Auf solchen Irrtümern beruhen auch die Sagen über Drachen und Einhörner. Man sollte diese Fehleinschätzungen nicht zu sehr belächeln, denn selbst heute noch spekulieren der schweizerische Bestsellerautor Erich von Däniken und einige andere Phantasten über die einstige Existenz von Riesen.

Bronzezeitliche Steinritzungen in Süd- und Mittelschweden gelten als früheste Hinweise auf den schätzungsweise mehr als 3000 Jahre alten Brauch, imposante Riesenfiguren bei

*Umzugsriese Samson in Tamsweg*
*im Lungau (Salzburger Land) in Österreich*

Umzügen mitzuführen. Antike Autoren erwähnen aus Flechtwerksgestellen bestehende Umzugsriesen in Gallien. Vom späten Mittelalter bis zur napoleonischen Zeit gab es Umzugsriesen in Holland, Belgien, Südengland, in manchen Gegenden von Frankreich und Spanien, in Süddeutschland, Österreich, Kalabrien, Sizilien sowie außerhalb von Europa in Mexiko und in Brasilien.

In der Gegenwart konzentrieren sich Umzugsriesen auf das Gebiet von Nordfrankreich über Belgien bis zum südlichen Holland, Katalonien, Valencia, Sizilien und den Lungau in Österreich. Eine Form der Umzugsriesen sind die so genannten Samsonfiguren, die bei Festumzügen getragen werden. Mehr als ein Dutzend davon sind überlebensgroße Figuren des Samson aus der Bibel. Im Lungau (Salzburger Land) und in der benachbarten Steiermark wird teilweise eine riesige Samsonfigur, begleitet von einem männlichen und einem weiblichen Zwerg, bei einem Umzug getragen. Straßenumzüge mit einer riesenhaften Samsonfigur finden in Tamsweg, Mariapfarr, St. Michael, Muhr, Unternberg, Wölting (ein Ortsteil von Tamsweg), Ramingstein, St. Andrä, St. Margarethen und Mauterndorf im Lungau statt, außerdem in Murau und Krakaudorf in der Steiermark sowie in Ath in Belgien.

Die Samsonfigur von Tamsweg ist bereits seit 1635 dokumentarisch belegt. Sie erreicht eine Höhe von 6,20 Metern, wiegt 105 Kilogramm und wird von einem einzigen Mann getragen, der das Gewicht mit Hilfe eines Gerüstes im Inneren des hohlen Körpers auf seinen Schultern balanciert. Um ihn dreht sich das großköpfige Zwergenpaar. Der Tamsweger Samson und seine Begleitzwerge gelten als letzter Rest ehemaliger großer Fronleichnamsumzüge, bei denen Gestalten

*„Das tapfere Schneiderlein",*
*Darstellung von Alexander Zick*
*(1845–1907)*

aus der Bibel sowie Sagen- oder Heldenfiguren mitgeführt wurden. In Ath (Belgien) ist die Samsonfigur eine von mehreren Riesenfiguren des alljährlichen Festivals Ducasse d'Ath.

Eine unrühmliche Rolle spielen Riesen meistens in Märchen. Dort erscheinen sie oft als jähzornige Wesen mit hohem Körperwuchs, aber mit kleinem Geist. Bei den Brüdern Grimm tauchen Riesen auf in „Das tapfere Schneiderlein", „Der Königssohn, der sich vor nichts fürchtete", „Der König vom goldenen Berg", „Die Rabe" , Die Boten des Todes", „Der Riese und der Schneider", „Der gelernte Jäger", „Ferenand getrü und Ferenand ungetrü", „Der Trommler" und „Die Kristallkugel".

In den Kinder- und Hausmärchen der Brüder Grimm steht „Das tapfere Schneiderlein" seit der Erstauflage von 1812 an 20. Stelle. Allerdings hieß es in der Erstauflage noch „Von einem tapferen Schneider". Unter diesem Titel nahm es auch Ludwig Bechstein in sein „Deutsches Märchenbuch" (1845) auf.

Held dieses Märchens ist ein armer Schneider, der beim Essen von Pflaumenmus von Fliegen gestört wird und mit einem Tuchlappen sieben der lästigen Plagegeister erschlägt. Danach stickt er den Satz „Sieben auf einen Streich" auf seinen Gürtel und geht auf Wanderschaft, damit jeder von seiner Glanztat erfährt. Bald hält man den harmlosen Fliegentöter irrtümlich für einen gefährlichen Kriegshelden, der sieben Männer auf einen Schlag getötet haben soll. Davon erfährt auch der König, der sich vor dem vermeintlichen Helden fürchtet. Der Herrscher lädt den „Helden" ein und verspricht ihm die Hand seiner Tochter, wenn er ihn von zwei grausamen Riesen erlöst, die sein Land verwüsten. Eigent-

*Gulliver in Brobdingnag,*
*dem „Land der Riesen",*
*Illustration von Richard Redgrave (1804–1888)*
*für „Gullivers Reisen"*
*von Jonathan Swift (1667–1745)*

lich hofft der König, der „Held" werde beim Kampf sterben und er könne ihn so loswerden. Doch der Schneider findet glücklicherweise die plündernden Riesen schlafend unter einem Baum vor und hat eine Idee, wie er sie bezwingen kann. Er klettert auf den Baum und wirft einen Tannenzapfen auf einen der beiden Riesen. Dieser wacht auf, hält den anderen Riesen für den Übeltäter, weckt und beschuldigt ihn, doch der Andere bestreitet die Tat. Nachdem beide wieder eingeschlafen sind, wirft der Schneider auf den zweiten Riesen. Letzterer wacht zum zweiten Mal auf und schlägt wütend auf den anderen Riesen ein. Nach einer viertelstündigen Prügelei sind alle Differenzen vergessen und beide schlafen wieder ein. Nun wirft der listige Schneider jeweils einen Tannenzapfen auf beide. Die erneut unsanft geweckten Riesen schlagen nun solange aufeinander ein, bis beide tot sind. So weit diese unglaubliche Geschichte. Was danach passiert, wird unterschiedlich geschildert. Laut einer Version ernennt der König den Schneider direkt zum Herrscher. Nach einer anderen Version schickt der König den Helden erneut los, damit er das Einhorn fängt, das durch sein Land zieht. Beim Kampf mit dem Einhorn springt der Schneider zur Seite und das Tier rammt einen Baum. Dabei bricht das Horn des Einhorns ab, es wird lammfromm und kann zum König geführt werden. Nun fordert der König, der Held solle ein schreckliches Wildschein lebend fangen. Auch dies gelingt, weil der Schneider das Untier in eine verlassene Kirche rennen lässt und dort einsperrt. Endlich kann der König nicht mehr anders und er muss dem armen Schneider seine Tochter und sein Königreich überlassen. Als Moral dieser Geschichte gilt, dass auch der Schwache, wenn er sich zu helfen weiß, Großes vollbringen kann.

*Riese Gargantua,*
*Lithographie von*
*Honoré Daumier (1808–1879)*

Bücher, in denen Riesen vorkommen, gibt es seit langem. Fünf Bände eines Romanzyklus namens „Gargantua und Pantrgruel" von François Rabelais (um 1494–1553) über das Leben zweier Riesen erschienen 1532, 1534, 1545, 1552 und 1564. Im zweiten Teil des phantasievollen Werkes „Gullivers Reisen" von Jonathan Swift (1667–1745) kommt ein Land der Riesen namens Brobdingnag vor. J. J. Tolkien erwähnt in „Der kleine Hobbit" Bergriesen, die auf den Spitzen des Nebelgebirges leben. Mehr am Rande behandelt Tolkien in „Mittelerde" oft auch Riesen. Um neun grausame und um einen guten, tumben Riesen geht es in dem Kinderbuch „Sophiechchen und der Riese" (1982) von Roald Dahl. Roh und gewalttätig treten Riesen in Bücher über „Harry Potter" von Joanne K. Rowling auf. Darin erscheinen auch die Halbriesen Hagrid und Madame Olympe Maxime. Unter einem Halbriesen versteht man eine Figur, von denen ein Elternteil ein Riese ist. Die Körperlänge wird bis zur doppelten Größe eines Menschen (etwa 3,50 Meter) angegeben. Ein Schienriese namens „Herr Tur Tur" aus „Jim Knopf der Lokomotivführer" von Michael Ende erscheint nur größer, je weiter man von ihm entfernt ist.

*Der Riese Ägir und seine Frau,
die Meerriesin Ran,
sowie die neun Töchter des Paares,
Zeichnung aus einer schwedischen Übersetzung
der „Edda" aus dem 19. Jahrhundert*

# Riesen in Sagen und Mythos

## AIGAION

Aigaion war der Sohn des Uranos oder des Meeresgottes
Poseidon und der Erdgöttin Gaia und gilt als einer der drei
Hekatoncheiren („Hunderthändige"). Dieser Riese mit 50
Köpfen und 100 Armen wurde von den Göttern der „Wuch-
tige" („Braireos") genannt. Beim Kampf der Götter gegen
die Titanen, in dem die Hekatoncheiren immer 300 Felsbrocken auf einmal warfen, siegten die Götter. Aigaion und
seine Brüder mussten danach in der Unterwelt die Titanen
bewachen.

## ÄGIR

Ägir, „der Grauenhafte", hieß der altnordische Riese, Gott
des stürmischen Meeres und der Schiffe verschlingenden
Flut. Er war der Sohn des Riesen Forniotur, König der Meerriesen, Gatte des bösen Meerweibes Ran („Raub"), die mit
einem Netz Ertrinkende zu sich hinabzog, und Vater der
Kolga. Ägir pflegte mit den Asen, den Göttern der nordischen Mythologie, ein freundliches Verhältnis: Sie besuch-
ten sich gegenseitig, und Ägir empfing und bewirtete sie in
einer Halle, welche die Schätze versunkener Schiffe enthielt.
Die Diener Ägirs waren Eldir („Zünder") und Fimafeng
(„Feuerfänger").

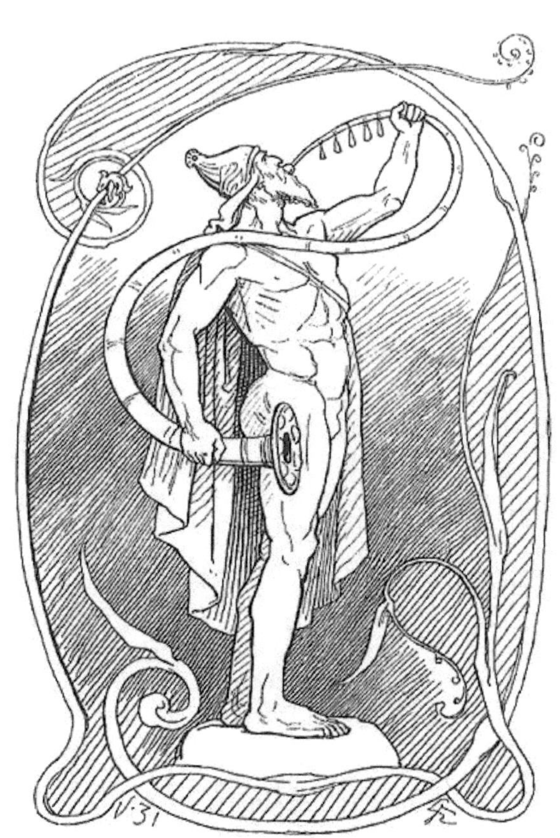

*Heimdall („Weltglanz"),*
*Zeichnung von Lorenz Frolich (1820–1908)*
*aus Gjellerup's „Edda" von 1895*

## ALKYONEUS

Alkyoneus war ein Gigant und überfiel den Halbgott Herakles, als dieser die von Geryones, dem König der Insel Erytheia, geraubten roten Rinder trieb. Er zerschmetterte zwölf Wagen und 25 Männer, wurde aber durch einen Pfeil des Herakles niedergestreckt.

## AMYKOS

Amykos war ein Sohn des Meeresgottes Poseidon und ein Riese. Er erfand angeblich den Faustkampf und wurde von Polydeukes, einer der Dioskuren, besiegt.

## ANGEYJA

Angeyja, Atla, Eistla, Eyrgjafa, Gjalp, Greip, Iarnsaxe, Imd und Ulfrun hießen die neun Töchter der Riesin Gran. Die neun Riesinnen in Gestalt der Wellen des Meeres und der germanische Gott Odin waren die Eltern von Heimdall („Weltglanz"), des Gottes des morgendlichen Sonnen- und Tageslichtes vom Göttergeschlecht der Asen.

## ANGRBODA

Angrboda – auch „Angstbotin", „Wehbotin" oder „Kummerbringerin" genannt – war eine Riesin der nordischen Mythologie. Sie und Loki, der Gott des Feuers, brachten

*Der Fenriswolf:*
*ein Kind der Riesin Angrboda,*
*Zeichnung von A. Fleming,*
*die 1874 in dem Werk*
*„ Manual of Mythologie: Greek and Roman,*
*Norse, and Old German, Hindoo*
*and Egyptian Mythologie“*
*von Alexander Murray*
*veröffentlicht wurde*

*Heißhungrige Hel mit Hund Garmr,
Holzschnitt nach einer Zeichnung
von Johannes Gehrts (1855–1921)*

*Atlas und die Hesperiden,*
*Gemälde von John Singer Sargent (1856–1925),*
*Original im Museum of Fine Arts,*
*Boston, Massachusetts, USA*

scheußliche Ungeheuer – wie den Fenriswolf, die Midgardschlange Jörmungand und die heißhungrige Hel, die alle
Lebewesen verschlan – zur Welt.


## ANTAIOS

Antaios kam als Sohn des Meeresgottes Poseidon und der
Erdgöttin Gaia zur Welt. Dieser Gigant nötigte Fremde, mit
ihm zu ringen. Wenn er hoch gehoben wurde, verlor er seine Kraft. Doch wenn er wieder seine Mutter, die Erde, be-
rührte, gewann er neue Kraft. Herakles hob ihn in die Luft
und erdrückte ihn.


## ATLAS

Atlas (zu deutsch: „Träger") war der Sohn des Titanen Iapetos und nahm am Kampf gegen die Götter Griechenlands
teil. Zur Strafe wurde er dazu verurteilt, ewig als lebende
Säule zu dienen. Er musste den mit Sternen übersäten Him-
melsvorhang davor bewahren, herabzufallen und die Erde
zu zerstören. Zusammen mit einem Drachen hütete er gleich-
zeitig den Hain mit goldenen Früchten der Hesperiden.


## BAUGI

Baugi war ein Riese der nordischen Mythologie und  Bruder von Surtr. Er besaß den aus dem Blut des allwissenden
Wesens Kwasir zubereiteten Met, der Dichtkunst verlieh.

*Odin mit seinen Raben Huginn und Muninn*
*sowie seinen Wölfen Geri und Freki,*
*Holzschnitt von Johannes Gehrts (1855–1921)*
*in dem Buch „Walhall" (1888)*
*von Felix Dahn und Therese Dahn*

Der Gott Odin wollte diesen Met haben, schlich sich bei
Baugi unter dem Namen Bölwerk ein und überredete ihn,
ihm Zutritt zu der Felsengrotte zu verschaffen, in der
Gunnlöd, die Tochter des Riesen Surtr, den Trank bewachte.
Mit einem von Odin überlassenen Bohrer erzeugte Baugi
eine Öffnung im Felsen, durch die der Gott in Gestalt eines
Regenwurms schlüpfte. Odin zeigte sich Gunnlöd in der
Felsengrotte als Riese, gewann ihre Zuneigung und verbrach-
te drei Tage und Nächte bei ihr. Gunnlöd erlaubte Odin drei
Züge von dem Met, der beim letzten Zug leer war. Nun ver-
wandelte sich Odin in einen Adler und flog davon. Surtr, der
ihn in Gestalt eines Adlers verfolgte, verlor den Luftkampf
mit Odin. Den Met brachte Odin nach Asgard und schüttete
ihn in bereit stehende Gefäße.

## BERGELMIR

Bergelmir („Bärengebrüll") war ein Riese und Nachkomme
des Urriesen Ymir. Er konnte sich und seine Frau vor der
durch Ymirs Blut entstandenen Flut retten. Aus der Verbindung von Bergelmir und seiner Frau gingen die Jöten, unge-
heure Riesen und Zauberer, hervor.

## BÖR

Bör, der „Geborene", war der Sohn des nordischen Riesen
Buri, „der Zeugende", der Bör aus sich selbst gezeugt hatte.
Mit seiner Gattin Bestla zeugte er den Gott Odin.

*Branwen,*
*die Schwester des Riesen Bran,*
*mit ihrem Star,*
*dem sie das Sprechen gelehrt hatte,*
*Zeichnung von W. Williams*
*in dem Werk*
*„The Mabinogion" (1877)*

## BRAN

„Bran der Gesegnete" hieß ein Riese, der zur Zeit der Kelten über Britannien herrschte. Seine Schwester Branwen, sein Bruder Manawyddan und seine Halbbrüder, die Zwillinge Nissyen und Evinissyen, hatten nur normale menschliche Größe. Bei der Hochzeit von Brans Schwester Branwen mit Matholwch, dem König von Irland, auf der Insel Anglesley ermordete Evinissyen die Männer, welche die Pferde der Iren bewachten und verstümmelte grausam die Tiere. Durch wertvolle Geschenke – darunter ein Zauberkessel, der Tote zum Leben erweckte – erreichte Bran, dass König Matholwch seine Frau Branwen nicht verstieß. Als die irische Bevölkerung zwei Jahre später von dem bis dahin geheim gehaltenen Vorfall erfuhr, forderte sie Rache und verlangte, Matholwch müsse Branwen verstoßen. Der schwache König verbannte seine Frau in die Küche, wo sie mit dem Gesinde arbeiten musste, und ließ ihren Sohn Gwern von einem irischen Adligen erziehen. Durch einen Star, den Branwen das Sprechen gelehrt hatte, erfuhr Bran von dem Unglück seiner Schwester und holte sie aus Irland zurück. Bei einem „Fest des Friedens" zwischen Briten und Iren tötete Evinissyen, der die Zwietracht liebte, den kleinen König Gwern. Beim anschließenden Kampf zwischen Briten und Iren, die den Tod ihres jungen Königs rächen wollten, wurde der Riese Bran von einer vergifteten Lanze an der Ferse verwundet, worauf er seine Gefährten bat, ihm den Kopf abzuschlagen, diesen mit nach Britannien zu nehmen und in London unter Gwynfryn („weißer Hügel") zu begraben.

*Die Bestrafung Lokis,*
*Zeichnung von Louis Huard (1813–1874)*

## EPHIALTES UND OTOS

Ephialtes und Otos waren Söhne des Meeresgottes Poseidon und der Iphimedia. Sie wuchsen alle Jahre eine Elle in die Breite und einen Klafter in die Länge, bis sie Riesen wurden. Im Alter von neun Jahren überwältigten Ephialtes und Otos den Gott des blutigen, zerstörenden Krieges, Ares, und sperrten ihn 13 Monate lang in ein ehernes Fass. Aus Übermut wollten die beiden Riesen sogar den Olymp stürzen, den Himmel erobern und die Götter entthronen. Doch Apollon tötete die beiden, bevor ihnen der Bart keimte, mit seinen Pfeilen. Laut einer anderen Sage stritten die Brüder Ephialtes und Otos und starben beim Zweikampf. In der Unterwelt mussten sie dafür büßen, dass sie Hera und Artemis nachgestellt hatten.

## FARBAUTI

Farbauti, der „Führer des Bootes", war ein Riese der nordischen Mythologie mit schlechtem Ruf. Er galt als „Schlagetot" und zeugte mit seiner Frau Laufey („Laubinsel") den arglistigen Loki, den Gott des Feuers.

## FEUERRIESEN

Feuerriesen nannte man in der altnordischen Mythologie ein Riesengeschlecht. Zu diesem gehörten die Riesen Muspel, Surt, Eld, Logi, Glod, Eisa und Eimyrja.

*Gigantomachy,*
*Gravierung von Virgil Solis (1514–1562)*

## FROSTRIESEN

Frostriesen wurden die Riesen Hymir, Thjazi und Gymir aus dem eisigen Norden genannt.

## GERDA

Gerda war die wunderschöne Tochter des Riesen Gymir und der Aurboda. In sie verliebte sich der Sonnengott Freyr, der dem uralten Göttergeschlecht der Wanen angehörte, unsterblich. Freyr schickte seinen Diener Skirnir mit seinem Pferd, das über die Flamme von Gymirs Wohnung hinwegsetzte, und seinem Schwert zu der attraktiven Riesin. Er bot ihr elf goldene Äpfel und den von den Dunkelelfen hergestellten Zauberring Draupnir an, wenn sie ihn heiraten würde. Gerda beugte sich aber erst durch mächtige Zauberformeln dem Willen ihres göttlichen Freiers und wurde nach neun Nächten im Hain Barri seine Gattin. Gerda versinnbildlichte die jungfräuliche Erde, die sich während des Winters in der Gewalt der Frostriesen befand, im Frühjahr aber vom Himmelsgott befreit wurde.

## GIGANTEN

Giganten hießen die Angehörigen eines riesenhaften und wilden Bergvolkes, das aus dem Blut des entmannten Gottes Uranos entstanden war und von den Göttern gehasst wurde. Sie besaßen ein furchterregendes Antlitz, lange Kopf- und Barthaare und statt Füßen geschuppte Drachenschwänze.

*Kopf des Herakles
in Nemrut Dagi in der Südostürkei*

Um den Olymp zu ersteigen, stürmten sie einen Berg nach dem anderen. Göttervater Zeus begrub zwar die heran stürmenden Giganten unter Bergtrümmern, aber allein konnten die Götter den Kampf nicht beenden. Erst der von Athena herbeigerufene sterbliche Herakles besiegte viele Giganten und trug so entscheidend zum Sieg über diese bei. Zu den Giganten gehörten Alkyoneus, Enkelados, Ephialtes, Hippolytos, Klytios, Porphyrion, Polybotes und Otos.

## GOLIATH

Goliath, ein dreieinhalb Meter hoher Riese aus Gath, wird im „Alten Testament" erwähnt. Der riesengroße Krieger der Philister trug angeblich ein 104 Kilogramm schweres Panzerhemd. Doch seine Rüstung und seine Waffen halfen ihm nichts beim legendären Kampf gegen den jungen und kleinen David: Letzterer warf Goliath mit einer Schleuder einen Stein gegen die Stirn, worauf der Riese zu Boden sank und von David mit seinem eigenen Schwert enthauptet wurde. David regierte später – von etwa 1000 bis 970 v. Chr. – als König von Israel-Juda und machte Jerusalem zu seiner Hauptstadt.

## GRENDEL

Grendel war ein furchtbarer Wasserriese der nordischen Mythologie. Er stürmte gegen das Küstenland und und verwüstete es.

*Odin, der Wanderer,*
*Zeichnung von*
*Georg von Rosen (1843–1923)*
*von 1886*

## GRID

Grid, eine Riesin der altnordischen Mythologie, wurde die Geliebte des germanischen Gottes Odin und Mutter von Widar, „dem schweigsamen Asen".


## GUNNLÖD

Gunnlöd hieß die Tochter des Riesen Surtr und Geliebte des germanischen Gottes Odin. Sie bewachte den aus dem Blut des allwissenden Wesens Kwasir zubereiteten Dichtermet Ödrörir („Erreger des Mutes"), den Odin raubte, nachdem er die Riesin verführt hatte.


## HAIKH

Haikh, angeblich ein Abkömmling des biblischen Noah, der vor der Sintflut die Arche gebaut hatte, und ein Riese von großer Schönheit, war der erste Führer und Held der Armenier. Er führte die armenischen Stämme von Babylonien in ihre neue, gebirgige Heimat am Schwarzen Meer. Nach ihm bezeichneten sich die Armenier als Haikh und ihr Land als Hajastan.


## HEKATONCHEIREN

Hekatoncheiren – griechisch „Hunderthändige" – hießen drei Söhne des Uranos und der Gaia: nämlich die 100-

*Der Kriegsgott Tyr
füttert den Fenriswolf Fenrir,
Zeichnung von
Louis Huard (1813–1874)*

armigen und 50-köpfigen Riesen Aigaion (Briareos), Kottos und Gyes. Wegen ihrer feindseligen Haltung gegenüber ihrem Vater wurden sie tief im Erdinneren gefangen gehalten, aber von den Göttern zum Kampf gegen die Titanen freigelassen. Danach mussten sie die in den Tartaros, den finstersten Winkel der Unterwelt, geworfenen Titanen bewachen.


## HRUNGIR

Hrungir galt in der altnordischen Mythologie als der stärkste Steinriese. Er hatte einen steinernen Kopf und ein ebensolches Herz. Der germanische Gott Thor tötete ihn mit seinem Hammer Mjöllnir.


## HYMIR

Hymir, „der Finstere", war ein Reifriese der nordischen Mythologie und der Vater des Kriegsgottes Tyr. Ihm gehörte ein riesiger Kessel, den die Götter Thor und Tyr holen sollten, damit der Meeresgott Ägir Bier für sämtliche Götter brauen konnte. Während dieses Treffens fuhr Hymir mit Thor in einem Boot zum Fischen. Thor hängte den Kopf des riesigen schwarzen Ochsen Himinrjot an den Angelhaken, und die Midgardschlange Jörmungand biß in den Köder. Als Thor mit seinem Hammer nach dem Kopf des Seeungeheuers schlug, erbebte Hymir vor Entsetzen. Die Midgardschlange konnte sich in der Verwirrung vom Angelhaken losreißen und sank blutend in die Meerestiefe. Danach verschwand Thor mit dem riesigen Kessel und vernichtete Hymir und

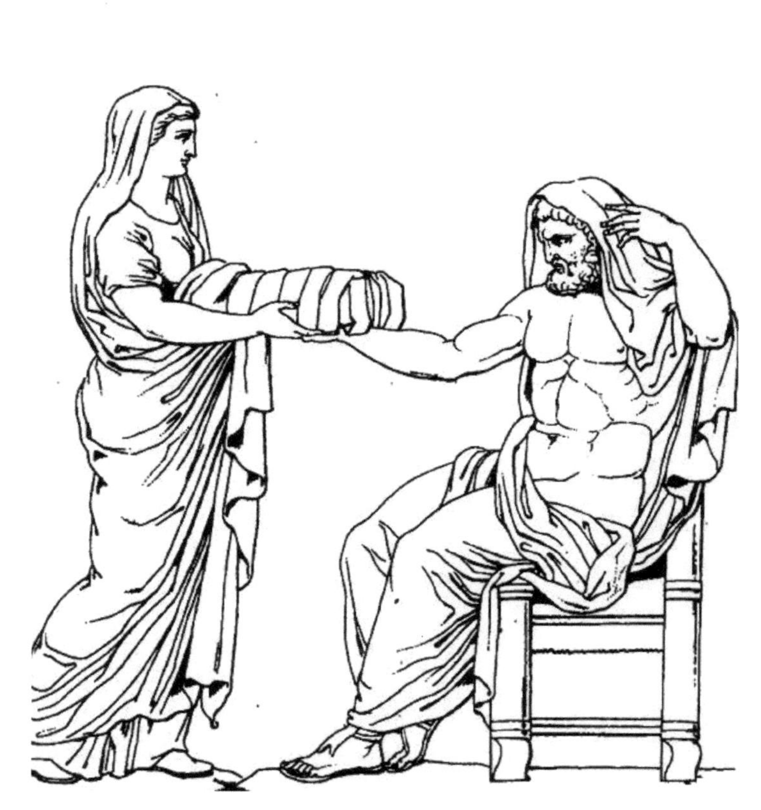

*Rhea gibt Kronos
statt eines Kindes
einen in Windeln gewickelten Stein
zum Verschlingen.*

andere ihn verfolgende Reiffriesen mit seinem Hammer Mjöllmir.


## HYNDLA

Hyndla hieß in der altnordischen Mythologie ein Riesen-
mädchen, das in einen Hund verwandelt wurde und in
einer Höhle hauste.


## IAPETOS

Iapetos war ein Sohn des Uranos und der Gaia sowie einer
der Titanen. Er heiratete Klymene, die Tochter seines Bru-
ders Okeanos. Aus dieser Verbindung gingen Atlas, Prometheus, Epimetheus und Menoitios hervor.


## JÖTEN

Jöten hießen die von dem Riesen Bergelmir und seiner Frau
abstammenden Riesen und Zauberer. Ihr Reich Jötunheim
erstreckte sich rings um den Rand der Erde. Die Jöten haus-
ten in Höhlen und Felsschluchten und waren mit dem Göttergeschlecht der Asen verfeindet.


## KRONOS

Kronos, der jüngste Sohn des Uranos und der Gaia, war ein
Titan der griechischen Mythologie. Er entmannte und ent-

*Der Kyklop,*
*Ölgemälde von Odilon Redon (1840–1916),*
*Original im Kröller-Müller-Museum*
*bei Otterlo (Niederlande)*

thronte seinen Vater. Weil ihm seine Mutter prophezeite, einer seiner Söhne werde ihn besiegen, verschlang er seine Kinder Hestia, Demeter, Hera, Pluton und Poseidon gleich nach der Geburt. Nur Zeus entkam diesem Schicksal, weil Rhea dem Kronos statt des Kindes einen in Windeln gewickelten Stein zum Verschlingen gab. Zeus zwang später seinen Vater, die verschlungenen Kinder herauszugeben und kämpfte zusammen mit seinen Brüdern gegen Kronos und die anderen Titanen, die unterlagen und in den Tartaros geworfen wurden. Kronos wurde später zum Herrscher über die „Insel der Seligen".

## KUMBHAKARNA

Kumbhakarna agierte in hinduistischen Sagen als ein furchterregender Krieger und großer „Freund des Schlafes". Als ihn die Heere des Bösen als Mitstreiter brauchten, mussten sie feststellen, dass es bereits ein schwerer Kampf war, Kumbhakarna aus dem Schlaf zu wecken. Nur mit Lanzenstichen, Hörnerklang und Strömen kalten Wassers gelang es, Kumbhakarna endlich zu wecken.

## KYKLOPEN

Kyklopen nannte man die Söhne des Uranos und der Erdgöttin Gaia. Dabei handelte es sich um Lebewesen mit einem kreisrunden Auge auf der Stirn, die für den Göttervater Zeus die Blitze schmiedeten. Sie wurden wegen ihres Übermutes in den Tartaros, den finstersten Winkel der Un-

*Meeresriesen Ran und Ägir,*
*Bild von Friedrich Wilhelm Heine (1845–1921)*
*nach einem Original*
*von Friedrich Wilhelm Engelhard (1813–1902)*

terwelt, geworfen, verhalfen Kronos zur Herrschaft, doch Zeus befreite sie später. Apollon tötete die Kyklopen, weil sie für Zeus den Donnerkeil angefertigt hatten, mit dem dieser seinen Sohn Asklepios erschlug. Mitunter heißt es auch, die Kyklopen seien sitten- und gesetzlose Söhne des Meeresgottes Poseidon gewesen und hätten sich nur von der Viehzucht ernährt. Den Kyklopen wird auch der Bau der so genannten kyklopischen Mauern zugeschrieben.

## LASTRYGONEN

Lastrygonen nannte man in der griechischen Mythologie ein Menschen fressendes Riesenvolk, mit dem auch der listige Odysseus, der König von Ithaka, in Berührung kam.

## MANI

Mani, der Sohn des Mundilfari, war ein Riese und der Mond der altnordischen Mythologie. Er fuhr im Mondwagen, wobei ihn Bil und Hjuki begleiteten.

## MEERRIESEN

Meerriesen nannte man in der altnordischen Mythologie ein Riesengeschlecht. Zu diesem zählten auch Ägir und Ran („Raub").

*Odin am Brunnen der Weisheit,*
*Gemälde von Robert Engels (1866–1920)*
*in dem Buch*
*„Deutsche Götter – und Heldensagen" (1903)*

## MIMIR

Mimir hieß ein alter, weiser nordischer Wasserriese. Er hütete den Quell der Weisheit und des Verstandes, den Mimisbrunnen, trank jeden Morgen daraus und gelangte so zu höchster Erkenntnis. Für einen Trunk aus dem Mimisbrunnen opferte der Gott Odin ein Auge. Aus dem Brunnen zog auch die immergrüne Weltesche Yggdrasil ihre Nahrung. Nachdem Mimir im Krieg gegen das Göttergeschlecht der Wanen enthauptet wurde, behielt Odin seinen Kopf als Ratgeber.

## MUNDILFARI

Mundilfari, auch Mundiliföri genannt, war laut altnordischer Mythologie ein Riese und „Beweger der Weltachse", außerdem der Vater von Sol und Mani.

## MUSPEL

Muspel hieß in der altnordischen Mythologie das durch einem Riesen verkörperte Feuer. Seine Söhne kämpften beim Weltuntergang (Ragnarök) auf dem Totenschiff Nagelfar gegen die Götter.

## NOTT

Nott nannte man eine dunkle Riesin und altnordische Göttin der Nacht. Sie war die Tochter des Riesen Nörfi („der Küh-

*Okeanos und Thetis,*
*der Fund wird auf 361/363 nach Christus datiert,*
*Original im Museum archeologico di Milano*

le"), die Gattin des Naglfari und des Delling sowie die Mutter des Dag, des Aug und der Fjörgyn. Sie ritt auf dem Pferd Rimfari („Reifmähne") vor dem Mond her.


## OG

Og war angeblich der einzige Riese, der die biblische Sintflut überlebte. Im Gegensatz zu seinen uneinsichtigen Artgenossen nahm er die Warnungen vor der bevorstehenden Naturkatastrophe ernst und verpflichtete, sich, Noah und dessen Nachkommen sein Leben lang zu dienen. Wegen seiner ungeheuren Größe passte der Riese Og allerdings nicht in die Arche Noah, sondern watete neben ihr her, als die Sintflut die Erde überflutete. Noah wachte über ihn und versorgte ihn mit Speise und Trank. Og lebte – laut Legende – nach dem Fallen des Wassers der Sintflut noch 500 Jahre, wurde König von Basan, dem Bergland östlich des Flusses Jordan, und herrschte über 60 Städte. Als sich der Riese später auf israelitisches Gebiet wagte, wurde er von Moses im Kampf besiegt.


## OKEANOS

Okeanos war in der griechischen Mythologie ein Sohn des Uranos und der Erdgöttin Gaia sowie einer der Titanen. Zusammen mit seiner Schwester und Gemahlin Tethys zeugte er 3 000 Okeaniden und ebenso viele Flüsse. Er nahm nicht am Kampf seiner Brüder gegen Zeus teil und erlitt nach deren Niederlage nicht deren Schicksal. Okeanos gilt als gro-

*Artemis, die Göttin der Jagd,
römisches Werk in Anlehnung an griechische Vorbilder,
aus dem 1. Jahrhundert nach Christus,
Original in der Glyptothek, München*

ßer, die Erde und das Meer umfließender Weltstrom, dem auch die Götter entstammen.


## ORION

Orion war in der griechischen Mythologie ein schöner Riese und tüchtiger Jäger, den Eos, die Göttin der Morgenröte, liebte. Dies erregte den Zorn der Götter im Olymp so lange, bis Artemis, die Göttin der Jagd, den sterblichen Riesen mit ihren Pfeilen tötete. Laut einer anderen Sage wanderte Orion über das Meer auf die Insel Chios, wo er Merope, die Tochter des Oinopion, vergewaltigte. Wegen dieser Schandtat blendete Meropes Vater den Riesen Orion im Schlaf und warf ihn an das Meerufer. Damit er wieder sehen konnte, zog Orion – geleitet von einem jungen Mann, den er auf der Schulter trug, – nach Osten der aufgehenden Sonne entgegen. Tatsächlich gaben ihm die Strahlen der Sonne das Augenlicht wieder. Als Orion auf Kreta drohte, alle Tiere der Erde zu erlegen, schickte die Göttin Gaia einen Skorpion, der den Riesen mit einem Stich tötete. Auf Bitten der Artemis versetzte Zeus den Orion an den Sternhimmel. Dort leuchtete er so prächtig, dass ihn Sternkundige aus aller Welt bewunderten. Die Akkadier rühmten ihn als „Licht des Himmels" und die Araber als „Al Dschabbar" („der Riese") oder „Al Bhabadur" („der Starke"). Dagegen hielten ihn die Hebräer für Nimrod, einen alten Krieger und Jäger vom Stamme Ham, der an das Himmelszelt gefesselt wurde, weil er sich gegen ihren Gott empört hatte.

*Kyklop Polyphem,*
*Reproduktion eines Gemäldes*
*von Johann Heinrich Tischbein (1751 – 1829),*
*Original im Landesmuseum Oldenburg*

## POLYPHEM

Polyphem war der einäugige Sohn des Meeresgottes Poseidon und der Nymphe Thoosa. Der riesenhafte Kyklop besaß große Herden von Schafen und Ziegen. Als Odysseus, der König von Ithaka, und Gefährten in Polyphems Höhle kamen, verschloss er diese durch einen Felsblock und fraß einen Gefangenen nach dem anderen auf. Odysseus machte Polyphem mit Wein betrunken und blendete später den Schlafenden mit einem glühenden Baumstamm, den er ihm in sein einziges Auge bohrte. Der listige Odysseus entfloh mit seinen Leuten, indem sie sich an den Bäuchen der Widder festklammerten, die Polyphem aus seiner Höhle ins Freie ließ. Aus Rache bat Polyphem seinen Vater Poseidon, die weitere Reise von Odysseus durch Stürme zu gefährden.

## RAN

Ran („Raub") war in der altnordischen Mythologie eine Meerriesin, die Gattin des Ägir und die Mutter der Wellen des Meeres (Angeyja, Atla, Eistla, Eyrgjafa, Gjalp, Greip, Iarnsaxe, Imd und Ulfrun). Sie fungierte als Herrin des Totenreiches, in das die Ertrunkenen gelangten.

## RHEA

Rhea, auch Rheie genannt, war laut griechischer Mythologie die Tochter des Uranos und der Erdgöttin Gaia sowie eine der so genannten Titaniden. Als Gattin des Kronos ge-

*Meeresgott Poseidon (Neptun),*
*der Vater von Polyphem,*
*Skulptur im Hafen von Kopenhagen*

*Odysseus und Polyphem,*
*Ölgemälde von*
*Arnold Böcklin (1827–1901)*

*Göttin Rhea (auch Kybele)*
*im Barockgarten Großsedlitz,*
*Kopie von 1988*
*nach einem Original um 1730*

bar sie die olympischen Götter Hestia, Demeter, Hera, Hades, Poseidon und Zeus. Kronos verschlang die Kinder gleich nach der Geburt, um seine Herrschaft zu sichern. Doch statt des zuletzt geborenen Sohnes Zeus gab Rhea ihrem Gatten einen in Windeln gewickelten Stein.

## RÜBEZAHL

Rübezahl war ein Berggeist des Riesengebirges in Schlesien. Laut Sage mochte er den Namen Rübezahl nicht und ließ sich lieber „Herr Johannes" nennen. Er galt als Wettermacher des Riesengebirges und schickte unerwartet Blitz, Donner, Nebel, Regen und Schnee vom Berg nieder, während alles bis dahin noch im Sonnenschein gelegen hatte. Rübezahl erschien in verschiedenen Gestalten, unter anderem als Mönch in aschgrauer Kutte („Wodan im Wolkenmantel") auf dem Berg und hielt ein Saitenspiel, die so genannte „Sturmharfe", in der Hand, das er so heftig anschlug, dass die Erde davon erzitterte. Gegenüber guten Menschen war Rübezahl freundlich, doch wenn man ihn verspottete, rächte er sich unerbittlich.

## SCHITENKOJI

Schitenkoji war ein Riese in Japan. Er entführte junge Burschen und fraß sie. Das Ungeheuer wurde von einem tapferen Krieger namens Raiko bezwungen. Dieser schüttete ihm ein Schlafmittel in den Wein und schlug ihm den Kopf ab.

*Riese Skrymir und Donnergott Thor,*
*Zeichnung von Louis Huard (1813–1874)*
*aus „The Heroes of Asgard:*
*Tales from Scandinavian Mythologie" (1900)*

## SKADI

Skadi hieß eine altnordische Riesin und Göttin des Eises. Sie war die Tochter des Frostriesen Thjazi, die Gattin des Meeresgottes Njörd und die Mutter der Freya, des Frey und des Säming. Nach dem gewaltsamen Tod ihres Vaters wurde sie in den Kreisen der Götter aufgenommen und mit Njörd vermählt. Ihre Wohnsitze waren Thrymheim und Noatum.

## SKRYMIR

Skrymir war ein Riese der altnordischen Mythologie. Einmal übernachtete der Donnergott Thor zusammen mit Loki, dem Gott des Feuers, und zwei menschlichen Dienern, dem Knaben Thialfi und dem Mädchen Röskwa, in einer übel riechenden Hütte aus Fell, die sich im Nachhinein als Skrymirs riesiger Handschuh entpuppte. Als Thor mit seinem Hammer Mjöllnir, der ganze Dörfer einebnen konnte, auf den Schädel des schlafenden Riesen schlug, prallte die fürchterliche Waffe durch Zauberei wirkungslos ab. Skrymir brummte nur und erzählte nach dem Aufwachen, er habe geträumt, ihm seien Blätter und Eicheln auf den Kopf gefallen. In Wirklichkeit hatte er felsige Anhöhen zwischen den Hammer und seinen Kopf gezogen, um die Schläge heil zu überstehen.

## SOL

Sol (Sunna) war eine altnordische Riesin, Tochter des Mundilfari und Gattin des Glen. Sie verkörperte die Sonne und fuhr im Sonnenwagen, den ihre Hengste Alswidr und Arwarkr zogen.

*Koloss von Rhodos,*
*Gravierung von*
*Maarten van Heemskerck (1498–1574)*

## STARKAD

Starkad hieß ein altnordischer Riese mit drei Paar Armen. Er war ein Zögling des Gottes Odin und raubte Alfhild.


## STEINRIESEN

Steinriesen nannte man in der altnordischen Mythologie ein Riesengeschlecht.


## STURMRIESEN

Sturmriesen hieß in der altnordischen Mythologie ein Riesengeschlecht, zu dem Egdir und Farbauti gehörten.


## SURTR

Surtr (Surtur), „der Schwarze", hieß ein altnordischer Feuerriese, der Herr des Muspelheims und unversöhnlicher Feind des Göttergeschlechts der Asen. Surtr war ein Bruder des Baugi und der Vater der schönen Gunnlöd. Er besaß den Dichtermet Odrörir, den Gunnlöd bewachte und den der Gott Odin stahl. Auf seinem glühenden Schwert trug Surtr das Feuer. An der Spitze der Söhne von Muspelheim entfachte er beim Weltuntergang (Ragnarök) den gewaltigen Brand, dem die Erde zum Opfer fiel.

*Medaille mit Darstellung von Talos
beim Steinewerfen,
Original im Cabinet des Médailles, Paris*

## SWJATOGOR

Swjatogor hieß ein Riese in Russland, der so schwer war,
dass die sumpfige Ebene ihn nicht tragen konnte. Er streifte
in Granitgebirgen umher und fand ein ungewöhnliches Ende:
Als er in Begleitung eines menschlichen Freundes auf einen
riesigen Sarg stieß, legte er sich lachend hinein, aber kein
Sterblicher konnte den schweren Deckel wieder öffnen.

## TALOS

Talos hieß ein von Hephaistos, dem Gott des Feuers, aus
Bronze geschmiedeter Riese auf der Mittelmeerinsel Kreta.
Er umrundete als Wächter drei Mal täglich Kreta und ver-
trieb Herannahende durch Steinwürfe. Mitunter sprang er
mit Gelandeten ins Feuer und presste sie so lange an seine
glühende Brust, bis sie verbrannten. Angeblich verlief von
seinem Kopf eine Blutader bis zur Ferse und wurde durch
einen Nagel verschlossen. Bei der Ankunft der Argonauten
auf Kreta ließ Medea durch ihren Zaubergesang den Nagel
herausspringen, worauf Talos verblutete.

## THEMIS

Themis war die Tochter des Uranos und der Gaia sowie eine
der Titaniden und Inhaberin des Orakels von Delphoi. Als
sie die Gemahlin von Zeus wurde, überließ sie Apollon das
Orakel. Auch als sie nicht mehr die Gattin des Zeus war,
übte sie ihre Rechte als Göttin der Ordnung und Sitte aus.

*Der germanische Gott Thor
mit seinem Hammer Mjöllmir,
der nach jedem Wurf
in die Hand seines Besitzers
zurückkehrte,
Abbildung aus einer schwedischen Übersetzung
der „Edda" von 1893*

## THJAZI

Thjazi hieß ein starker und mutiger altnordischer Frostriese.
Er war der Sohn des Alwaldi sowie der Vater der Skadi und
der Frid und wurde von dem Gott Thor im Kampf besiegt.
Seine Augen warf man als Sterne an den Himmel.

## THRYM

Thrym, der „Riese des Herbststurmes", raubte den Hammer
Mjöllnir des germanischen Gottes Thor und forderte als Lö-
segeld die Hand der Göttin Freya. Daraufhin verkleidete sich
Thor als Freya und nahm Loki, den Gott des Feuers, als Magd
mit zu dem Riesen, dem er vorgaukelte, in ihn verliebt zu
sein und ihn heiraten zu wollen. Bei der Trauung wurde der
vermeintlichen Braut der Hammer in den Schoß gelegt, und
Thor tötete den „Bräutigam" Thrym.

## THURSEN

Thursen („die Starken") nannte man in der altnordischen Mythologie das Geschlecht der Riesen, das den Göttern und
Menschen meistens feindlich gesinnt war.

## TITANEN

Titanen werden sechs Söhne und sechs Töchter des Uranos
und der Erdgöttin Gaia genannt: Okeanos, Koios, Krios,

*Titanen und Giganten in der Hölle,*
*Illustration von Gustave Doré (1832–1883)*
*zu Dantes „Göttliche Komödie"*
*um 1890*

Hyperion, Iapetos, Kronos und Theia, Rhea, Themis, Mnemosyne, Phoibe, Thethys sowie deren Kinder und Kindeskinder wie Helios, Selene, Eos, Atlas, Prometheus. Nachdem Uranos seine anderen Söhne, die Hekatoncheiren und Kyklopen, in den finstersten Winkel der Unterwelt (Tartaros), geworfen hatte, erhob sich der von Gaia aufgehetzte Sohn Kronos gegen seinen Vater, entmannte ihn und übernahm die Herrschaft. Als Zeus den Kronos stürzte, erklärten sich die meisten Titanen mit dem neuen Herrscher einverstanden, und es blieb bei der neuen Weltordnung. Die übrigen, vor allem das Geschlecht des Iapetos, kämpften gegen den Olymp. Erst nach einem Jahrzehnt siegte Zeus, weil er die Hekatoncheiren und Kyklopen aus dem Tartaros befreite. Nun wurden die Titanen in den Tartaros geworfen und von den Hekatoncheiren bewacht.


## URANOS

Uranos, laut griechischer Mythologie der Sohn und Gatte der Erdgöttin Gaia sowie die Personifikation des Himmels, zeugte mit Gaia die zwölf Titanen, die Eurynome, die einäugigen Kyklopen sowie die drei 50-köpfigen und 100-armigen Hekatoncheiren. Er hasste seine Kinder und versteckte sie in der Erde (Gaia). Gaia überredete ihren Sohn Kronos dazu, er solle seinen Vater Uranos mit einer Sichel entmannen. Sie fing die dabei auf den Boden fallenden Blutstropfen auf und gebar daraus die Erinyen und Giganten. Bei den Erinyen handelte es sich um Rachegöttinnen mit entfleischten Gesichtern, Armen und Händen sowie Schlangen statt Haaren auf dem Kopf. Zu ihren gehörten Alekto

*Gott Uranos,*
*Holzschnitt auf Papier*
*des dänischen Astronomen*
*Tycho Brahe*
*(1546–1601)*

*Die Verstümmelung des Uranos
durch Kronos (Saturnus),
Ausschnitt aus dem Gemälde
von Giorgio Vasari (1511–1574)
und Gherardi Christofano (1508–1556)*

*Die Geburt der Venus,*
*Ölgemälde von*
*William Adolphe Bouguereau (1825–1905)*
*von 1879*

(„die nie Rastende"), Tisiphone („die Rächerin des Mordes")
und Megaira („die Verargende"). Die riesenhaften Giganten
Alkyoneus, Enkelados, Ephialtes, Hippolytos, Klytios,
Porphyrion, Polybotes und Otos hatten ein furchterregendes
Antlitz, lange Haupt- und Barthaare und statt der Füße ge-
schuppte Drachenschwänze. Das weggeworfene Zeu-
gungsglied des Uranos befruchtete das Meer, aus dessen
Schaum Aphrodite, die „Schaumgeborene" und Göttin der
Liebe, hervorstieg. Kronos übernahm nach seiner furchtba-
ren Tat die Weltherrschaft.

## WAFTHRUDNIR

Wafthrudnir, der so genannte „Rätselmeister", war der
weiseste unter den altnordischen Riesen.

## WATE

Wate hieß ein Meerriese oder Wasserdämon, der beim Hin-
und Herwandern Ebbe und Flut erzeugte. Sein Zorn erzeugte Seestürme.

## WIDOLF

Widolf, die älteste der Zaubernornen, war eine altnordische
Riesin, von der alle Hexen der nordischen Mythologie ab-
stammen sollen.

*Der Urriese Ymir trinkt Milch
von der Urkuh Audhumbla,
die einen Mann namens Búri aus dem Eis leckt,
Gemälde von Nicolai Abildgaard (1743–1809)
von 1790*

## YMIR

Ymir, „der Rauchende", ein sechsköpfiger Urriese, galt bei den Germanen als das erste Lebewesen im Kosmos. Er wurde aus den widerstreitenden Elementen von Feuer und Eis geboren, als vereinzelte Funken auf ein Eisfeld trafen und es belebten. Der Riese, der Mann und Frau zugleich war, schwitzte im Schlaf, wobei unter seinen Armen ein Mann und eine Frau hervorwuchsen. Ein Fuß zeugte mit einem anderen einen Sohn. Diese Kinder waren die Stammeltern der Reifriesen oder Hrimthursen. Mit Ymir kämpften die Söhne des Riesen Bör, das Göttergeschlecht der Asen, und besiegten ihn. Ymirs Blut erzeugte eine riesige Flut, in der – mit Ausnahme von Bergelmir und seiner Frau, die sich in ein Boot retten konnten, alle ertranken. Die Asen warfen Ymirs Leichnam in den unendlich weiten Raum, worauf sich aus seinem Fleisch die Erde, aus seinen Knochen die Gebirge, aus seinem Blut das Meer, die Seen und Flüsse, aus dem Hirn die Wolken, aus dem Schädel das Himmelsgewölbe und aus den Haaren die Wälder bildeten.

# *Literatur*

ABEL, Othenio: Die vorweltlichen Tiere in Märchen, Sage und Aberglauben, Karlsruhe 1923

ABEL, Othenio: Vorzeitliche Tierreste im Deutschen Mythus, Brauchtum und Volksglauben, Jena 1939

CHERRY, John (Herausgeber): Fabeltiere. Von Drachen, Einhörnern und anderen mythischen Wesen, Stuttgart 1977

DUVE, Karen / VÖLKER, Thies: Lexikon berühmter Tiere, Frankfurt am Main 1997

HARDE, Ulrike / NEYSTERS, Silvia / REISING, Gerd / REUTER-RAUTENBERG, Anne / RIETSCHEL, Siegfried / ROSCHER, Bernd / STAMM, Gerhard / WOAS, Steffen: Drachen. Ausstellungen für Kinder und Erwachsene. Badische Landesbibliothek, Landessammlungen für Naturkunde, Kindermuseum der Staatlichen Kunsthalle Karlsruhe, Karlsruhe 1980

JENS, Hermann: Mythologisches Lexikon. Gestalten der griechischen, römischen und nordischen Mythologie, München 1958

KIRCHER, Athanasius: Mundus Subterraneus, Amsterdam 1678

MUNDLOS, Rudolf: Wunderwelt im Stein. Fossilfunde – Zeugen der Urzeit. Unter Mitarbeit von Prof. Karl Dietrich Adam, Dr. Gert Bloos, Dipl.-Geologe Gerd Dietl, Dr. Max Urlichs, Dr. Manfred Warth, Dr. Rupert Wild, Prof. Dr. Bernhard Ziegler, Gütersloh, Berlin 1976

PROBST, Ernst: Deutschland in der Urzeit, München 1986

PROBST, Ernst: Rekorde der Urmenschen. Erfindungen, Kunst und Religion, München 2009

PROBST, Ernst: Rekorde der Urzeit. Landschaften, Pflanzen und Tiere, München 2009
VERZAUBERTE WELTEN. Riesen und Ungeheuer, Amsterdam 1986
WIKIPEDIA (Online-Lexikon) http://wikipedia.org

# *Bildquellen*

Seite 1
Reproduktion aus „Mundus Subterraneus" (1664–1678) von
Athanasius Kircher (1601–1680): 1

Inhalt
Reproduktion einer Gravierung aus „Cosmographia" (1544)
von Sebastian Münster (1488–1552): 6 oben
Reproduktion einer Zeichnung: 6 Mitte
Reproduktion aus „Mundus Subterraneus" (1664–1678) von
Athanasius Kircher (1601–1680): 6 unten
Hans Andersen / CC-BY-SA3.0: 7 oben (via Wikimedia
Commons), lizensiert unter CreativeCommons-Lizenz by-
sa-3.0-de, http://creativecommons.org/licenses/by-sa/3.0/de/
legalcode
Klaus Benz, Fotograf, Mainz-Laubenheim: 7 unten

Vorwort
Reproduktion einer Zeichnung von Lorenz Frolich (1820–
1908): 8 (via Wikimedia Commons), Lizenz: gemeinfrei (Public domain)

Es war nicht die Spur von Noahs Raben
Janericloebe / CC-BY-SA3.0: 10 (via Wikimedia Commons),
lizensiert unter CreativeCommons-Lizenz by-sa-3.0-de,
http://creativecommons.org/licenses/by-sa/3.0/de/legalcode
Reproduktion eines Porträts um 1613: 12
Michel-georges bernard / CC-BY-SA3.0: 14 (via Wikimedia

Commons), lizensiert unter CreativeCommons-Lizenz by-sa-3.0-de, http://creativecommons.org/licenses/by-sa/3.0/de/legalcode
Reproduktion einer Zeichnung: 16
Reproduktion eines Schabblattes aus „Physica Sacra" (Band I, 1731): 18
Reproduktion eines Portäts von Georg Martin Preißler (1700–1754): 19 (via Wikmedia Commons), Lizenz: gemeinfrei (Public domain)
Reproduktion eines Flugblattes von Johann Jakob Scheuchzer (1672–1733) um 1726: 21

Manches Monster war ein Mammut
Reproduktion einer Gravierung aus „Cosmographia" (1544) von Sebastian Münster (1488–1552): 23
Reproduktion einer Lithographie von Osmar Schindler (1869–1927) von 1888: 24
Web Gallery of Art: 26 (via Wikimedia Commons), Lizenz: gemeinfrei (Public domain), Reproduktion einer Gravierung von Francisco de Goya (1746–1828), entstanden zwischen 1810 und 1818
Reproduktion einer Illustration aus „Around the Moon" von Jules Verne (1828–1905) von Émile Bayard (1837–1891) und Alphonse de Neuville (1835–1885): 27
Reproduktion eines Ölgemäldes des österreichischen Malers Moritz von Schwind (1804–1871) von 1859: 28
Reproduktion eines Gemäldes von Annibale Carracci (1560–1609): 30
Reproduktion einer Illustration von Gustave Doré (1832–1883: 32
Reproduktion einer Illustration von Arthur Rackham (1867–

1939) für „Rheingold" von Richard Wagner (1813–1883):
34
H. G. Graser / CC-BY-SA3.0: 36 (via Wikimedia Commons),
lizensiert unter CreativeCommons-Lizenz by-sa-3.0-de,
http://creativecommons.org/licenses/by-sa/3.0/de/legalcode
Reproduktion einer Zeichnung von 1882: 38
Reproduktion einer Zeichnung aus „Mundus Subterraneus" (1664–1678) von Athanasius Kircher (1601–1680):
40
Reproduktion einer Zeichnung aus „Korte Beschryvinge van
eenige vergetene en verborgenene Antiquiteten der Pro-
vintien en Landen gelegen tuschen de Nord-Zee, de Ysssel,
Emse en Lippe" (1660) von Johan Picardt (1600–1670): 42
Helge Rieder / CC-BY-SA3.0: 44 (via Wikimedia Commons), lizensiert unter CreativeCommons-Lizenz by-sa-3.0-
de, http://creativecommons.org/licenses/by-sa/3.0/de/
legalcode
Reproduktion einer Darstellung von Alexander Zick (1845–
1907): 46
Reproduktion einer Illustration von Richard Redgrave (1804–
1888) für „Gullivers Reisen" von Jonathan Swift (1667–
1745): 48
Reproduktion einer Lithographie von Honoré Daumier
(1808–1879): 50

Riesen in Sagen und Mythos
Reproduktion einer Zeichnung aus der schwedischen Über-
setzung der „Edda" aus dem 19. Jahrhundert: 52
Reproduktion einer Zeichnung von Lorenz Frolich (1820–
1908) aus Gjellerup's „Edda" von 1895: 54
Reproduktion einer Zeichnung von A. Fleming aus „Manu-

al of Mythologie: Greek and Roman, Norse, and Old German, Hindoo and Egyptian Mythologie" von Alexander Murray: 56

Reproduktion eines Holzschnittes von Johannes Gehrts (1855–1921) aus „Walhall: Germanische Götter- und Heldensagen. Für Alt und Jung am deutschen Herd"  (1901) von Felix Dahn und Therese Dahn: 57

Reproduktion eines Gemäldes des amerikanischen Malers John Singer Sargent (1856–1925): 58

Reproduktion eines Holzschnittes von Johannes Gehrts (1855–1921) aus „Walhall: Germanische Götter- und Heldensagen. Für Alt und Jung am deutschen Herd"  (1901) von Felix Dahn und Therese Dahn: 60

Reproduktion einer Zeichnung von W. Williams aus „The Mabinogion" (1877): 62

Reproduktion einer Zeichnung von Louis Huard (1813–1874) aus „The Heroes of Asgard: Tales from Scandinavian Mythologie"  von Annie Keary (1825–1879): 64

Reproduktion einer Gravierung von Virgil Solis (1514–1562): 66

Klaus Peter Simon / CC-BY-SA3.0: 68 (via Wikimedia Commons), lizensiert unter CreativeCommons-Lizenz by-sa-3.0-de, http://creativecommons.org/licenses/by-sa/3.0/de/legalcode

Reproduktion einer Zeichnung von Georg von Rosen (1843–1923) aus einer schwedischen Übersetzung der „Edda" von 1886: 70

Reproduktion einer Zeichnung von Louis Huard (1813–1874) aus „The Heroes of Asgard: Tales from Scandinavian Mythologie"  (1900) von Annie Keary (1825–1879): 72

Reproduktion einer Zeichnung von 1811: 74

Der Autor
Klaus Benz, Fotograf, Mainz-Laubenheim: 118

Coverbild: Athanasius Kircher (Drache, Riese) und Albertus Magnus (Einhorn)

*Autor Ernst Probst*

# *Der Autor*

Ernst Probst, geboren am 20. Januar 1946 in Neunburg vorm Wald im bayerischen Regierungsbezirk Oberpfalz, wurde zunächst Journalist, später Buchautor und schließlich Verleger. Er arbeitete von 1968 bis 1971 als Redakteur bei den „Nürnberger Nachrichten", von 1971 bis 1973 in der Zentralredaktion des „Ring Nordbayerischer Tageszeitungen" in Bayreuth und von 1973 bis 2001 bei der „Allgemeinen Zeitung", Mainz.

In seiner Freizeit schrieb Ernst Probst Artikel für die „Frankfurter Allgemeine Zeitung", „Süddeutsche Zeitung", „Die Welt", „Frankfurter Rundschau", „Neue Zürcher Zeitung", „Tages-Anzeiger", Zürich, „Basler Zeitung, „Salzburger Nachrichten", „Oberösterreichischen Nachrichten", Linz, „Die Zeit", „Rheinischer Merkur", „Deutsches Allgemeines Sonntagsblatt", „bild der wissenschaft", „kosmos", „Deutsche Presse-Agentur" (dpa), „Associated Press" (AP) und den „Deutschen Forschungsdienst" (df).

Aus der Feder von Ernst Probst stammen zahlreiche Beiträge der Buchreihe „Geschichten, die die Forschung schreibt", sowie die Bücher „Deutschland in der Urzeit" (1986), „Deutschland in der Steinzeit" (1991), „Rekorde der Urzeit" (1992), „Dinosaurier in Deutschland" (1993 zusammen mit Raymund Windolf), „Deutschland in der Bronzezeit" (1996) und „Nessie. Das Monsterbuch" (2002). Insgesamt veröffentlichte er mehr als 200 Bücher, Taschenbücher, Broschüren und E-Books.

# *Bücher von Ernst Probst*

Als Mainz noch nicht am Rhein lag

Archaeopteryx. Die Urvögel aus Bayern

Das Moustérien. Die große  Zeit der Neanderthaler

Das Rätsel der Großsteingräber. Die nordwestdeutsche
Trichterbecher-Kultur

Der Höhlenbär

Der Rhein-Elefant. Das „Schreckenstier" von Eppelsheim

Der Ur-Rhein. Rheinhessen vor zehn Millionen Jahren

Deutschland im Eiszeitalter

Deutschland in der  Frühbronzezeit

Deutschland in der Mittelbronzezeit

Deutschland in der Spätbronzezeit

Die nordische Bronzezeit in Deutschland

Dinosaurier in Deutschland

Dinosaurier von A bis K. Von Abelisaurus
bis Kritosaurus

Dinosaurier von L bis Z. Von Labocania
bis Zupaysaurus

Höhlenlöwen. Raubkatzen im Eiszeitalter

Johann Jakob Kaup. Der große Naturforscher
aus Darmstadt

Krallentiere am Ur-Rhein. Die Entdeckungsgeschichte
von Chalicotherium goldfussi

Menschenaffen am Ur-Rhein. Paidopithex,
Rhenopithecus und Dryopithecus

Monstern auf der Spur. Wie die Sagen über Drachen, Riesen
und Einhörner entstanden

Nessie. Das Monsterbuch

Rekorde der Urmenschen. Erfindungen, Kunst
und Religion

Rekorde der Urzeit. Landschaften, Pflanzen und Tiere

Säbelzahnkatzen. Von Machairodus bis zu Smilodon

Bestellungen bei: http://www.grin.com